野菜には科学と歴史がつまっている

トマト裁判の判決はどっちだ？

キム・ファン／作　山本久美子／絵

えっ？ ぼくたち、野菜じゃなかったの？

それがね、ハッキリしないみたいなの

植物学者たちは、トマトは果物だと説明したんだ。
「トマトはタネをふくんだ実、つまり果実です。
果実の中で、あまくて、しるの多いものが果物。
タネがあってしるの多いトマトは、果物です！」

そうさ。
ぼくたちにもリンゴやモモ、カキのようにタネがある

ところが、この意見に反対する人たちもまた、
かなり手ごわかった。
「トマトは、カボチャやジャガイモのように畑で育て、
おもに料理してから食べます。だから、絶対に野菜です！」

日本では、ほとんどの野菜はふつう畑で1年しか育てない。
一度畑に植えたら、花を咲かせて実をつける。そして最後には、かれるんだ。
背も低くて、木のように大きくはならないよね。
トマトも、屋外では1年しか生きない。

遠いむかしに、トマトがくらしていたふるさとに行ってみようか？
ここは南アメリカのアンデス高地。
昼はお日さまがさんさんとふりそそいで暑いのに、
夜はしんと冷えていて、温度差がある。
雨がとても少なくて、かわいたところさ。
そこに生えていた野生のトマトの実はかなり小さくて、皮はぶあつかった。

平地や温室のように年じゅうあたたかいところでトマトを育てると、
大きく食べやすく育つし、何年も生きるんだ。

これ見て！
緑色の小さな実に、
毛がたくさん生えてるよ！
ワイルド〜

赤色、黄色、緑色の
実があるね

それからとっても長い時が流れた。
鳥や動物たちがトマトの実を食べて、遠くまで行ってはうんちをした。
そのうんちの中にあったタネから、また、芽が出て実がついた。
おかげで野生のトマトは、ちょっとずつ移動していったのさ。

遊牧民だったアステカの人たちは、やがてメキシコ湾沿いの谷に移り住み、定住した。
その時野に生えていたトマトを持ちこみ、育てたんだ。

＊現地の人たちはトマトを、「トマトゥル」とよんだよ。ふくらむ果実という意味さ。

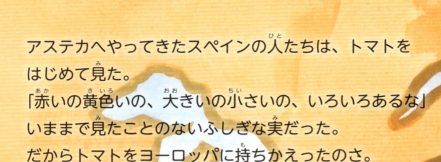

アステカへやってきたスペインの人たちは、トマトをはじめて見た。
「赤いの黄色いの、大きいの小さいの、いろいろあるな」
いままで見たことのないふしぎな実だった。
だからトマトをヨーロッパに持ちかえったのさ。
ついにトマトは船に乗り、海をわたったんだ。

わたし、船に乗るの、生まれてはじめてよ！

アステカ
Azteca

ところが、ヨーロッパの人たちは、最初はトマトを食べなかったんだって。
どうしてかって？
トマトの花と黄色い実を見ては、毒のある植物、
マンドレイクを思いうかべたからさ。
「この花と実を見てみろ。マンドレイクのきょうだいにまちがいない！」

むかし、ヨーロッパの人たちは、マンドレイクをとてもこわがった。
マンドレイクを引きぬくと、悲鳴をあげるといわれていて、
その悲鳴を聞いた人は、気がくるうと信じたのさ。
人びとはこわくてトマトを食べなかった。
ただ、観賞用に育てるだけだったんだ。

「もう、がまんできない。くるってもいいから、食べるぞ！」
ある日、とってもおなかをすかせた人がトマトの実を食べたけど、なぁんにも起こらなかった。
「な、なんだこの味は！ すごくうまいじゃないか！」
ついにトマトを食べる人があらわれたのさ。
それでも、ふつうにトマトが食べられるようになるまでには、伝わってから200年以上もかかったんだって。

「もっとたくさんトマトを食べたい！ どうしたらふやせるだろう？」

トマトをたくさん育てるために、どうしたと思う？
じつは、トマトの仲間の花にはみつがない。
だからミツバチではなくて、マルハナバチの助けを借りることを思いついたんだ。
マルハナバチは、トマトの花にみつがなくてもやってくる。
花にぶらさがり、花粉の入った「やく」をかんで体をふるわせ、
落とした花粉をおなかで受けとめて集めるよ。
トマトは、自分の花の花粉がついても実ができるから、
マルハナバチが体をふるわせているうちに花粉がめしべについて、
たわわに実るんだ。
人の手で花粉をつけるよりも、ずうっとはやいよ。
おかげでトマトをたくさん収穫できるようになったのさ。

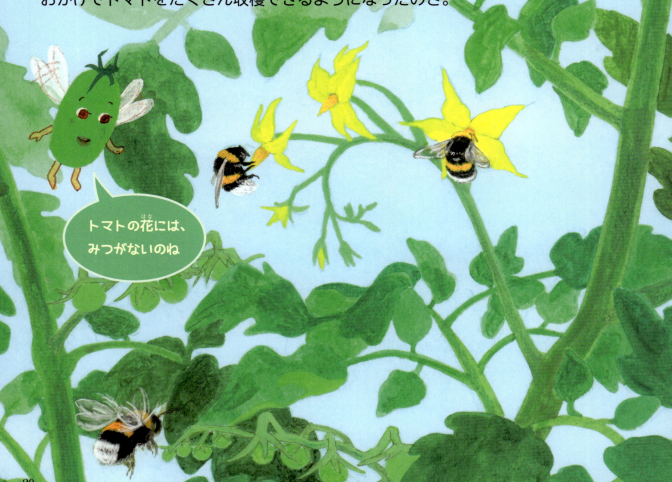

トマトの花には、みつがないのね

これ、ぜんぶトマト？
そこのトマト、
変わっているわ！

いまでは世界のたくさんの国で、
いろんなトマトがつくられているよ。
なんと、1万種以上もあるんだって。

小さなトマト、大きなトマト、長いトマト、
赤いトマト、黄色いトマト、緑色のトマト……。
おどろかないで！　黒いトマトもあるんだ。

トマトの食べかたもいろいろ。
そのまま食べたり、ジュースにして飲んだり。
みんながよく食べるケチャップも、トマトからつくるんだ。
トマトはどんな材料にもあうし、料理をもっとおいしくしてくれる。
トマトを細かく切ってソースをつくったり、
煮つめてスープをつくったりするよ。
ピラフやスパゲティ、ピザにも入れる。
思いうかべるだけでも、よだれが出るよね？

料理に入れて食べると、野菜みたい

本当に野菜でいいのかな……？

デザートではなくて、料理として食べるからというのも
わからないわけじゃないけれど……。

日本では、トマトは畑で1年だけ生きて、かれるから、野菜かな？

生でそのまま食べられるから、果物だよ！

そんなこんなで、トマトは植物学的には果物だけど、
法律的には野菜になった。
同じように野菜か果物かの区別があいまいなスイカやメロン、
イチゴは、日本では「果実的野菜」とよぶよ。
でもね、トマトは法律的には野菜のはずなのに、
果実的野菜にはふくまれないんだって。

じゃあ、トマトって……？

トマトあれこれ

塚越 覚（千葉大学環境健康フィールド科学センター）

トマトのうまみ成分

　トマトは世界じゅうで、1年間に1億9千万トン近い生産量があります。わたしたちはトマトを生で食べることが多いですが、世界的にはトマトソースやトマトスープのように火を通して食べるのがふつうです。トマトには、グルタミン酸というアミノ酸がとても多くふくまれています。〝コンブのうまみ成分〟と言ったほうがわかりやすいかもしれません。海藻と同じうまみ成分のおかげで、出汁を入れなくてもソースやスープにしておいしく食べられるのです。

トマトのタネ

　トマトを食べる時にタネが気になりますか？　たぶん、あまり気にならないと思います。それは、なぜでしょう？
　理由はいくつかありますが、いちばんの理由はタネが成熟する前に収穫するからです。トマトのタネをとるためにはもっともっと熟させて、実がぐじゅぐじゅになるまで待たなければなりません。タネが固くなる前に収穫しているので、食べる時には気にならないのです。

トマトは草だけれど……

　トマトは木ではなく草ですが、じょうずに育てれば1年で15mものびます。ただ、木とちがって自分では立っていられないので、なにかで支える必要があります。また、うまくすれば何年も生長を続けます。でも、新しい苗に植えかえると農作業がしやすいとか、虫や病気が少なくなるなどの理由で、ふつうは年に1回から3回くらい新しい苗に植えかえます。

トマトと健康

　最近、トマトにふくまれるアミノ酸のひとつに、よいねむりや心の安定、高めの血圧を下げるなどの効果があることがわかり、とても注目されています。そのアミノ酸をたくさんふくむように、栽培のやりかたを工夫したトマトも売られているので、お店で探してみてください。

32

キム・ファン

1960年京都市生まれ。自然科学分野の絵本や読み物を多く手がける。『サクラ ― 日本から韓国へ渡ったゾウたちの物語』(Gakken)が、第1回子どものための感動ノンフィクション大賞最優秀作品。紙芝居『カヤネズミのおかあさん』(童心社)で、第54回五山賞受賞。韓国でCJ絵本賞を受賞した『すばこ』(ほるぷ出版)が、第63回青少年読書感想文全国コンクール課題図書に。『ひとがつくったどうぶつの道』(ほるぷ出版)で、韓国出版文化賞を受賞するなど、日韓で著書多数。

山本久美子

1965年群馬県生まれ。多摩美術大学グラフィックデザイン専攻卒業。ボローニャ国際絵本原画展2003、05入選。絵本に『マルをさがして』『きんぎょ』(いずれも、ひだまり舎)、『くじらのぷうぷう』(文・はらまさかず/イマジネイション・プラス)、『ぼくはまっくろ』(文・原陽子/リーブル)、『ぼくはぽんこつじはんき』(文・由美村嬉々/あさ出版)などがある。日本児童出版美術家連盟会員。
https://kurumigasitu.com

監修・解説/塚越 覚(千葉大学環境健康フィールド科学センター)
装丁・デザイン/イシクラ事務所

野菜には科学と歴史がつまっている
トマト裁判の判決はどっちだ？

2025年2月14日　初版第1刷発行

作	キム・ファン
絵	山本久美子
発行人	泉田義則
発行所	株式会社くもん出版
	〒141-8488
	東京都品川区東五反田2-10-2　東五反田スクエア11F
電話	03-6836-0301（代表）
	03-6836-0317（編集）
	03-6836-0305（営業）
ホームページアドレス	https://www.kumonshuppan.com/
印刷所	TOPPANクロレ株式会社

NDC626・くもん出版・32P・26cm・2025年
ISBN978-4-7743-3430-1
©2025 Kim Hwang & Kumiko Yamamoto & Satoru Tsukagoshi
Printed in Japan

落丁・乱丁がありましたらおとりかえいたします。本書を無断で複写・複製・転載・翻訳することは、法律で認められた場合を除き禁じられています。購入者以外の第三者による本書のいかなる電子複製も一切認められていませんのでご注意ください。
CD56259

Tomato, a Vegetable or Fruit?
Copyright © Kim Hwang (김황), 2017
Original edition published by WOONGJIN THINK BIG CO., LTD.
All rights reserved.
Japanese translation rights in Japan arranged with KUMON Publishing Co., Ltd.
through Shinwon Agency Co.